SUR UN POINT

DE L'HISTOIRE

DE LA GÉOMÉTRIE

CHEZ LES GRECS

ET SUR LES PRINCIPES PHILOSOPHIQUES

DE CETTE SCIENCE

(Lu devant l'Institut à sa séance du mois d'avril
et devant l'Académie des Inscriptions et Belles-Lettres qui en a autorisé
la publication)

PAR A. J. H. VINCENT

MEMBRE DE L'INSTITUT

PARIS

LIBRAIRIE DE L. HACHETTE ET Cie

RUE PIERRE-SARRAZIN, N° 14

1857

29906
6

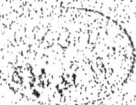

SUR UN POINT

DE L'HISTOIRE

DE LA GÉOMÉTRIE

CHEZ LES GRECS

ET SUR DES PRINCIPES PHILOSOPHIQUES DE CETTE SCIENCE.

I.

Je me propose de traiter ici un sujet sur lequel on a beaucoup écrit, beaucoup trop. Mon but, dans la présente dissertation, est de prouver que si les géomètres modernes (et j'entends par là les auteurs modernes de traités élémentaires [1]) avaient commencé par examiner plus à fond les doctrines professées à ce sujet par les anciens, ils en auraient depuis longtemps établi la théorie sur des bases assez solides pour n'avoir pas besoin d'être si souvent remaniées, et surtout pour ne pas obliger en quelque sorte l'autorité compétente à mettre au ban de

---

[1]. L'auteur de la présente dissertation se hâte d'ajouter que, compris lui-même dans les termes de cette sorte de proscription, il n'a jamais prétendu au titre de *géomètre* dans le sens plus étendu et plus général aujourd'hui attribué à ce mot.

1

la science l'une des parties les plus fondamentales de la géométrie : il s'agit des PARALLÈLES [1].

Ce n'est cependant point une théorie nouvelle que je viens présenter, mais une histoire déjà ancienne dont je voudrais tracer l'esquisse, d'après des écrits qui n'ont point encore perdu parmi nous toute autorité, je veux dire ceux d'Euclide, de Ptolémée, de Géminus, de leurs commentateurs Proclus, Marinus, etc.

Je dois commencer par rappeler les diverses manières dont l'idée de *l'Angle* avait été conçue par les anciens géomètres, ou, ce qui est la même chose, par les anciens philosophes : car dans l'antiquité, le titre de géomètre supposait essentiellement celui de philosophe. Or Proclus [2], dans le Commentaire en quatre livres qu'il nous a laissé sur le premier livre des Éléments d'Euclide, nous apprend [3] que trois opinions principales existaient à cet égard : d'abord celle d'Euclide, qui, classant l'angle dans la catégorie des *relations* (πρός τι), le considérait comme *l'inclinaison* d'une ligne ou d'une surface par rapport à une autre ligne ou à une autre surface.

La seconde opinion était celle d'Eudème, philosophe péripatéticien, qui avait écrit un livre sur l'Angle. Suivant lui, l'angle était une *qualité* (ποιόν) : il le considérait en conséquence comme une *affection* de la surface ou du solide, consistant dans la *rectitude* ou l'*obliquité*.

Enfin, suivant la troisième opinion qui était celle de Plutarque, d'Apollonius, et de Carpus d'Antioche, l'angle

---

1. D'après un relevé fait en 1844 par le professeur Hill (C. J. D.), *Conatus Th. lin. Parallel. stabil. præcipui* (Lundæ, 1844), le nombre des écrits sur la matière dépassait déjà 100, sans compter les théories comprises dans les traités généraux.

2. Voy. à la fin, la Note B.

3. Procl., *Comment. sur Eucl.* (Bâle, 1533), page 34; Bar., page 69.

était considéré comme une *quantité* (ποσόν), soit surface, soit solide, comprise sous une ligne ou une surface réfléchie autour d'un point, et mesurant en quelque sorte la distance des deux parties de cette ligne ou de cette surface.

Quant à Proclus lui-même, tout en se confessant disciple d'Euclide, il fait ses réserves, et déclare en définitive que l'angle, considéré en soi-même, n'est point seulement une des choses énumérées, mais résulte de leur concours et participe de toutes à la fois, ajoutant même (ce qui n'est pas indifférent à noter) qu'il a quelque chose encore *de la nature du triangle* (ἔστι δὲ οὐχὶ γωνία μόνη τοιοῦτον, ἀλλὰ καὶ τὸ τρίγωνον).

Ces préliminaires étaient indispensables pour faire bien comprendre ce qui doit suivre. Disons donc maintenant que d'après Euclide, *deux droites sont parallèles lorsque, placées dans le même plan et prolongées indéfiniment de chaque côté, elles ne se rencontrent ni d'un côté ni de l'autre.*

Il n'est point inutile de remarquer ici que cette définition se trouve placée dans les Éléments d'Euclide après celles des diverses espèces de quadrilatères, d'où il résulte que cet auteur n'a pu, dans la classification de ces figures, tenir aucun compte de la forme parallélogramme comme l'avait fait avant lui Posidonius, ce dont Proclus[1] semble blâmer son maître avec quelque raison.

Maintenant, laissons parler le commentateur : voici comment il développe[2] la définition que nous venons de rapporter.

« Quelles sont, dit-il, les conditions essentielles du « parallélisme, et à quel caractère reconnaît-on que ces « conditions sont remplies? c'est ce que nous apprendra

1. Procl., page 47; Bar., page 97.
2. Procl., page 48; Bar., page 99.

« la suite de ce discours. Mais d'abord, qu'est-ce que les
« droites parallèles? Quant à ce point, l'auteur (Euclide)
« l'établit dans la présente définition.

« Elles doivent, dit-il, être situées dans un seul et
« même plan, et ne se pas rencontrer, bien que, prolon-
« gées de chaque côté, ce prolongement puisse avoir lieu
« jusqu'à l'infini. En effet, des droites, quoique non pa-
« rallèles, prolongées jusqu'à un certain point, peuvent
« bien ne pas se rencontrer; mais de pouvoir être prolon-
« gées à l'infini sans se rencontrer, c'est ce qui caractérise
« les parallèles; et cela ne suffit pas encore : il faut que la
« prolongation à l'infini puisse avoir lieu de chaque côté
« sans qu'il y ait rencontre. Il est possible en effet que
« les droites n'étant point parallèles, le prolongement ait
« lieu d'un côté à l'infini, mais non des deux côtés; et
« alors elles vont en se rapprochant d'un côté, tandis que
« de l'autre elles s'éloignent de plus en plus. La raison
« en est que *deux droites ne peuvent envelopper un espace*.[1]
« Or, si elles se rapprochaient des deux côtés, le contraire
« arriverait. Quant à la condition pour les droites d'être
« situées dans le même plan, elle a été avec raison posée
« d'avance : car si, par exemple, l'une des droites était
« située sur le sol et l'autre élevée au-dessus, elles ne
« sauraient se rencontrer, quelle que fût d'ailleurs leur
« position respective; et [cependant] elles ne seraient pas
« parallèles pour cela. Qu'il reste donc bien établi 1° que le
« plan est unique, 2° que les droites sont censées prolon-
« gées à l'infini de chaque côté, et 3° qu'elles ne se ren-
« contrent ni d'un côté ni de l'autre : telles sont les con-

---

1. Δύο εὐθεῖαι χωρίον οὐ περιέχουσι. Eucl., I, axiom. 6. — Cp. Procl.,
page 44, l. 6 en mont.; Bar., page 91. — Procl., page 45, l. 3 en m. Il
manque quelque chose au texte. Barocci, page 93, remplit la lacune.
— Voyez encore Procl., page 55, l. 5; Bar., page 113.

« ditions du parallélisme des droites ; et c'est ainsi
« qu'Euclide définit les droites parallèles.

« Quant à Posidonius : Sont parallèles, dit-il, deux
« droites qui, situées dans un seul et même plan, ne se
« rapprochent ni s'éloignent, mais pour lesquelles les per-
« pendiculaires menées sur l'une, des divers points de
« l'autre, sont toutes égales entre elles [1]. Or, toutes les
« droites pour lesquelles diminuent les perpendiculaires,
« se rapprochent entre elles : car la perpendiculaire peut
« [servir à] déterminer les hauteurs des espaces et les
« distances des lignes ; c'est pourquoi les perpendiculaires
« étant égales, les distances des droites sont aussi égales.
« Mais si ces perpendiculaires vont en augmentant et en
« diminuant, l'écartement des droites va aussi en aug-
« mentant et en diminuant ; et les droites se rapprochent
« du côté où les perpendiculaires diminuent. Au surplus, il
« faut savoir que la circonstance de ne pas se rencontrer
« ne détermine aucunement le parallélisme des lignes,
« comme on le voit dans les cercles homocentriques, dont
« les circonférences ne se rencontrent pas ; il faut de plus
« que le prolongement des lignes puisse être poussé jus-
« qu'à l'infini. Or, cette circonstance n'est pas particulière
« aux seules droites ; elle appartient encore à d'autres
« lignes : car on peut concevoir des hélices décrites au-
« tour de certaines droites, prolongées avec elles, et dis-
« posées de manière à ne se rencontrer jamais.

« Maintenant, voici ce que dit Géminus, qui, le pre-
« mier, a établi à cet égard une excellente division, en
« posant que, parmi les lignes, celles-ci sont limitées et
« enveloppent une figure, telles que le cercle, la ligne de
« l'ellipse, la cissoïde, et une foule d'autres, tandis que

1. Procl., 37 ; Bar., p. 76.

« celles-là sont illimitées et prolongées à l'infini, telles
« que la ligne droite, la section du cône rectangulaire[1],
« celle du cône obtusangle, la conchoïde. De plus, parmi
« les lignes prolongées à l'infini, les unes n'enveloppent
« pas une figure : par exemple la droite et les susdites
« sections coniques; les autres rentrent d'abord sur elles-
« mêmes et enveloppent un espace, puis ensuite elles se
« prolongent à l'infini. Maintenant, combinées entre elles,
« ces dernières sont dites *asymptotes*, si, de quelque ma-
« nière qu'on les prolonge, elles ne se rencontrent pas;
« elles sont *symptotes* si elles finissent par se rencontrer. »

De ce passage de Géminus il résulte d'abord que, pour
les anciens, le mot *asymptote* avait une signification dif-
férente de celle que les modernes lui attribuent, une signification plus générale et plus conforme à son étymologie,
d'après laquelle les droites parallèles étaient elles-mêmes
des asymptotes, comme la suite du passage de Géminus
va le confirmer.

En effet : « Parmi les lignes asymptotes, continue cet
« auteur, les unes sont situées à la fois dans un seul et
« même plan, et les autres non; parmi les asymptotes
« qui sont situées dans un seul et même plan, les unes
« sont éloignées entre elles d'une distance constante, et
« dans les autres cette distance va continuellement en di-
« minuant, comme l'hyperbole par rapport à la droite.
« De pareils systèmes de lignes, malgré la continuelle
« diminution de leur distance, sont constamment asymp-
« totes, et quoiqu'elles se rapprochent continuellement
« l'une de l'autre, jamais elles ne se rencontrent complé-
« tement. C'est là un théorème de géométrie fort éton-

---

1. La section du cône est censée faite perpendiculairement à une arête.

« nant, de montrer des lignes qui se rapprochent constam-
« ment et ne coïncident jamais[1]! Or, parmi les lignes,
« celles qui sont situées dans un même plan, qui sont
« droites, qui se tiennent à une distance constamment
« égale et ne diminuant jamais, ces lignes sont dites des
« *parallèles*.

1. Soit une droite AZ (fig. 1) sur laquelle on prend des points équidistants,
A, B, C, D, etc. Au point A élevons une perpendiculaire de longueur
quelconque AP, au point B une perpendiculaire BP′ égale à la moitié
de la précédente, au point C une perpendiculaire CP″ égale à la moitié de la précédente, etc. Une courbe continue menée par les points
PP′P″... ne rencontrera jamais la droite AZ, bien qu'elle s'en approche
indéfiniment. Cette droite en sera l'*asymptote*.

Fig. 1.   Fig. 2.

Une droite A′Z′ parallèle à la précédente et située au-dessous, n'est
point une asymptote pour les géomètres modernes; mais les anciens, se
conformant à l'étymologie, l'eussent également appelée asymptote de la
courbe, par la raison qu'elle ne la rencontre pas plus que la droite AZ:
les parallèles même étaient encore pour eux des asymptotes.

Observons que le défaut de rencontre de la courbe avec son asymptote
ne dépend pas entièrement de ce que les perpendiculaires successives
ne se réduisent jamais à zéro, mais aussi de ce que, étant équidistantes,
elles s'éloignent à l'infini. Si, au lieu de les supposer équidistantes, on
supposait que leurs distances successives vont en diminuant dans le
même rapport que les perpendiculaires elles-mêmes (fig. 2), alors il y aurait une limite R à leur éloignement, et les deux lignes proposées se ren-
contreraient en ce point situé ainsi à une distance finie, tandis que dans
le cas des asymptotes, on peut regarder les deux lignes comme se
rencontrant à l'infini.

Comp. « Admirandum illud geometricum problema tredecim modis
« demonstratum, quod docet duas lineas in eodem plano designare, quæ
« nunquam invicem coincidant, etiamsi in infinitum protrahantur : et
« quanto longius producuntur, tanto sibi invicem propius evadant. Fr
« Baroclo Jac. f. patrit. veneto autore, etc. Ven., 1586. »

« Telles sont, continue Proclus, les explications élé-
« gantes dues à Géminus, et qu'il nous fallait recueillir
« pour l'éclaircissement des matières que nous avons à
« traiter[1]. »

Ainsi se termine le deuxième livre du Commentaire de
Proclus[2].

Le commencement du troisième livre est employé à
expliquer en détail la nature des demandes et celle des
axiomes, que l'auteur avait seulement indiquées plus
haut[3]. Il est utile d'en rappeler ici les définitions : « Ce
« sont choses différentes, dit l'auteur, que l'axiome, la
« demande, et l'hypothèse, comme le dit quelque part le
« divin Aristote[4]. Ainsi, lorsque la proposition admise au
« rang de principe est connue du disciple et sûre par
« elle-même, alors c'est un *axiome*; par exemple : *deux*
« *quantités égales à une troisième sont égales entre elles*. Mais
« lorsque l'auditeur ne possède pas une intelligence suffi-
« samment sûre et certaine de l'objet en question, que
« cependant la proposition est mise en avant, et que l'au-
« diteur l'accorde à celui qui l'a posée, dans ce cas c'est
« une *hypothèse;* par exemple : *ceci est un cercle;* voilà une
« proposition dont nous ne pouvons avoir la conception
« sans un enseignement préalable; mais en l'entendant
« énoncer, nous l'accordons, abstraction faite de toute
« démonstration. Enfin, lorsque la proposition est incon-
« nue, et que, sans l'adhésion du disciple, on ne laisse

---

1. Comp. Procl., page 95, et Bar., page 219.
2. Il est bon de dire ici que des quatre livres composant le commentaire de Proclus, le premier traite des généralités mathématiques, et le
second de la géométrie également considérée en général; nous parlerons
plus loin des deux autres.
3. Procl., page 22; Bar., page 44.
4. Aristot., *Analyt. prior*, II, 19; *Analyt. post.* I, 10.

« pas que d'en user, alors (dit Aristote) nous l'appelons
« *demande* (αἴτημα, *postulatum*, *postulat*, *pétition*, etc.). »

Cela posé, Proclus reconnaît en géométrie trois demandes, et pas plus, savoir : 1° *Mener une droite d'un
point à un autre;* — 2° *prolonger autant que l'on veut une
droite limitée;* — et 3° *d'un centre et d'un rayon donnés tracer un cercle* [*dans un plan donné*].

Quant à la quatrième demande prétendue, que *tous les
angles droits sont égaux*, il fait voir que c'est un théorème,
et il en donne la démonstration.

Puis il passe à la proposition suivante, donnée par Euclide comme une cinquième demande : *Lorsqu'une droite,
en tombant sur deux autres droites, fait d'un même côté deux
angles internes dont la somme est inférieure à deux droits,
les deux droites, prolongées, se rencontreront du côté où sont
les angles* [*internes*] *dont la somme est inférieure à deux droits.*

« Il faut, continue Proclus[1], *effacer* entièrement cette
« proposition du nombre des *demandes :* car c'est un vé-
« ritable théorème[2], offrant même beaucoup de difficultés,
« que, dans un de ses livres[3], Ptolémée s'est proposé de
« résoudre. Et en effet, bien qu'il manque ici plus d'une
« définition, plus d'un théorème, pour constituer une
« véritable démonstration, il n'en est pas moins vrai
« qu'Euclide, en établissant la réciproque[4], présente, par
« cela même, la proposition actuelle comme un théorème.
« Peut-être cependant quelques personnes, abusées [par
« l'apparence], prétendront-elles ranger cette proposition
« parmi les demandes, comme emportant, par le seul

---

1. Procl., page 53 : Bar., page 110.
2. Τοῦτο καὶ παντελῶς διαγράφειν χρὴ τῶν αἰτημάτων· θεώρημα γάρ ἐστι.
3. *Voy.* ci-après.
4. Que *Dans tout triangle la somme des trois angles est égale à deux
droits :* Eucl., liv. I, prop. 17.

« fait de l'infériorité des angles internes comparés à deux
« droits, une preuve suffisante de l'inclinaison mutuelle
« et de la rencontre des droites. Mais à cela Géminus a
« très-bien répondu : « *Nous apprenons, dit-il, des maîtres*
« *mêmes de la science, à ne pas nous en rapporter aux appa-*
« *rences probables pour l'admission des preuves géométri-*
« *ques* ». Et Aristote dit aussi[1] que « *c'est tout un d'exiger*
« *des démonstrations d'un orateur, et de se contenter de pro-*
« *babilités de la part d'un géomètre* ». De même encore
« Simmias[2] dans Platon : « *Je considère, dit-il, ceux qui*
« *fondent leurs démonstrations sur la vraisemblance, comme*
« *de véritables imposteurs* (des charlatans, ἀλαζόσι) ».

« Toutefois [dans le cas actuel, il faut distinguer deux
« faits] : le premier, que *si les angles intérieurs n'atteignent*
« *pas une somme égale à deux droits*, les droites doivent
« concourir : celui-là est véritable et nécessaire ; mais le
« second, que *des lignes qui se rapprochent doivent toujours*
« *finir par se rencontrer pourvu qu'on les prolonge*, celui-ci
« est simplement vraisemblable, mais il n'est pas néces-
« saire ; et il faut un raisonnement tout exprès pour dé-
« montrer que les droites rentrent dans ce cas. En effet,
« qu'il existe certaines lignes[3] qui, se rapprochant con-
« stamment jusqu'à l'infini, sont cependant incapables de
« coïncider : bien que cela paraisse invraisemblable et
« paradoxal, c'est pourtant un fait réel et constaté pour
« d'autres espèces de lignes ; mais les raisons de ce fait
« ne sont pas admissibles pour les lignes droites comme
« elles le sont pour ces autres sortes de lignes. Quoi qu'il
« en soit, tant que nous n'avons pas établi par une dé-
« monstration spéciale ce qui doit avoir lieu en particu-

1. Eth. Nicom., I, 3. — Comp. Procl., page 10 ; Bar., p. 19.
2. Phéd., paragr. 94, page 298 ed. Bekker.
3. Comp. Proclus, à la fin du liv. II.

« lier pour les lignes droites, tout ce que l'on a démontré
« au sujet des autres lignes subsiste, et conserve ses con-
« séquences dans l'imagination (περισσᾷ τὴν φαντασίαν).

« Maintenant, si des raisonnements qui donnent ainsi
« prise à la controverse en ce qui regarde la rencontre
« des lignes, méritent une vive censure, combien à plus
« forte raison ne devons-nous pas refuser notre assenti-
« ment à cette manière de conclure d'après les vraisem-
« blances, ou pour mieux dire, à cette absence totale de
« raisonnement? Ainsi donc, que l'on doive rechercher
« la démonstration du théorème proposé, c'est, d'après
« les considérations qui précèdent, un fait évident, d'où
« résulte de toute nécessité que cette proposition ne satis-
« fait pas aux conditions caractéristiques d'une véritable
« demande. Mais alors comment la démontrer? Quels rai-
« sonnements employer pour détruire les objections que
« l'on peut y opposer? C'est ce que nous aurons à dire
« seulement lorsque l'auteur des Éléments aura besoin
« de la mentionner et de la faire intervenir comme évi-
« dente; car alors il deviendra nécessaire de légitimer des
« procédés qu'il ne saurait être permis d'exposer sans
« preuve, mais que l'on doit au contraire établir sur les
« démonstrations les plus inattaquables. »

Le reste du troisième livre de Proclus est employé à
commenter les axiomes et les propositions qui précèdent
la théorie des parallèles, c'est-à-dire la théorie des angles
et les propriétés fondamentales des triangles; c'est ce que
Proclus considère comme la première des trois grandes
divisions suivant lesquelles (dans un fragment que ne
contient pas l'édition de Bâle, mais que Barocci a traduit
d'après les manuscrits[1]) il partage le premier livre d'Euclide.

1. Ce fragment se trouve dans le ms. n° 20 du supplément grec de la

Le quatrième livre du même commentateur est consacré aux deux autres divisions, c'est-à-dire, d'une part à la théorie des parallèles et des parallélogrammes, formant la deuxième division, et d'autre part à la troisième division, comprenant le reste du premier livre d'Euclide.

Voici donc, à quelques lignes près relatives aux triangles et aux quadrilatères, le commencement du quatrième livre de Proclus[1]:

« Mais ici se représente de nouveau l'impossibilité de
« rien dire sur la constitution des parallélogrammes ou
« sur leur égalité, sans la considération des parallèles :
« (car, ainsi qu'il est évident par la dénomination, le pa-
« rallélogramme est la figure circonscrite par des droites
« parallèles opposées deux à deux). Aussi l'auteur prend-
« il les parallèles pour point de départ de cette partie de
« sa doctrine ; puis, s'avançant pas à pas, il s'engage alors
« dans la théorie des parallélogrammes, faisant usage
« pour cela d'un théorème intermédiaire, qui, d'une part
« semble considérer une circonstance propre aux paral-
« lèles, et d'autre part présente la génération première
« des parallélogrammes. C'est celui-ci[2] :

« *Les droites qui joignent les extrémités (prises d'un même*
« *côté) des droites égales et parallèles, sont elles-mêmes égales*
« *et parallèles.* »

« En effet, dans ce théorème, on considère une circon-
« stance qui se présente sur les droites égales et paral-
« lèles ; et de la jonction [telle qu'elle est indiquée] résulte
« évidemment le parallélogramme, figure qui a les côtés

Bibliothèque impériale, où l'on a réuni une collection de notes laissées par Bouilliau. (*Voy.* Bar., liv. II, ch. x, p. 48.)

1. Procl., page 93 ; Bar., page 213. — Cp. Procl., pages 47 et 104 ; Bar., pages 97 et 237.

2. Eucl., liv. I, prop. 33.

« opposés égaux et parallèles. Il est donc évident par là
« qu'il fallait préalablement dire quelque chose des pa-
« rallèles. Or, il y a trois faits à examiner, qui sont parti-
« culiers aux parallèles considérées en elles-mêmes, qui
« les caractérisent, et qui ont leurs réciproques par rapport
« à elles, non-seulement tous trois [ensemble], mais de
« plus chacun considéré séparément des deux autres[1]. Le
« premier, c'est que si une droite coupe les parallèles,
« les [angles] alternes [respectifs] sont égaux. Le deuxième,
« que si une droite coupe les parallèles, les [angles] in-
« ternes [d'un même côté] font une somme égale à deux
« droits. Le troisième et dernier, que si une droite coupe
« les parallèles, chaque angle externe est égal à l'angle
« interne [correspondant] et à son opposé. En effet, cha-
« cune de ces trois circonstances suffit évidemment pour
« faire voir que deux droites sont parallèles.

« C'est de la même manière que les autres mathéma-
« ticiens ont l'habitude de traiter des lignes, en faisant
« ressortir la circonstance caractéristique (τὸ σύμπτωμα)
« propre à chaque espèce. C'est ainsi, par exemple,
« qu'Apollonius montre le caractère propre à chaque
« ligne conique ; de même Nicomède pour les conchoïdes,
« Hippias pour les quadratrices, et Persée pour les spiri-
« ques. Car, après la génération [des choses], ce qui leur
« appartient considéré en soi, et ce en quoi cela leur
« appartient, tout cela pris ensemble détermine pour
« nous l'espèce constituée et la distingue de toutes les
« autres.

« C'est donc de la même manière que l'auteur des Élé-
« ments commence par constater le caractère propre aux

1. Pour la distinction des réciproques totales ou partielles, voy.
Procl., page 106 ; Bar., p. 251.

« parallèles[1] : *Si une droite*, dit-il, *en tombant sur deux autres*
« *droites, fait des angles alternes* [*internes égaux*] *entre eux,*
« *les droites seront parallèles*. Par convention, on a d'abord
« établi que les droites sont dans un seul et même plan;
« et, pour mieux dire, il n'est question que de théorè-
« mes rapportés à un même plan. Or, le Maître a ajouté
« cela [une fois pour toutes][2], parce qu'il n'est pas vrai
« d'une manière absolue que les droites sont parallèles
« quand les angles sont égaux : il faut, de plus, que les
« lignes soient dans le même plan.

« Rien n'empêche, en effet, que les droites étant dis-
« posées en X, l'une dans un plan, l'autre dans un autre,
« la sécante ne fasse avec elles des angles alternes égaux;
« mais les droites ainsi disposées ne sont pas parallèles
« pour cela. On a donc commencé par établir que tout ce
« que nous attribuons au plan, nous l'appliquons par la
« pensée à un seul et même plan. C'est pourquoi cette
« addition était inutile à répéter ici. »

Après les remarques précédentes, Proclus examine la
démonstration d'Euclide, laquelle consiste dans une réduction à l'absurde : « Si les droites ne sont pas paral-
« lèles, dit-il, elles formeront un triangle dans lequel un
« angle extérieur serait égal à l'angle intérieur opposé,
« ce qui est impossible d'après une proposition démontrée
« précédemment[3] ».

Puis vient l'examen de la proposition suivante[4] qui est
la vingt-huitième, et qui, s'appuyant sur la précédente,
conclut le parallélisme, soit de *l'égalité des angles corres-*
pondants, soit de ce que *les angles* internes d'un même

1. Eucl., prop. 27, th. 18. — Procl., page 93; Bar., page 214.
2. Procl., page 32; Bar., page 67.
3. Eucl., I, 16.
4. Eucl., prop. 28, th. 19. — Procl., page 94; Bar., page 217.

côté font une somme égale à deux droits : sur quoi Proclus observe qu'au lieu de considérer exclusivement ces *trois* symptômes du parallélisme, Euclide en aurait pu considérer *six*, nombre total des combinaisons différentes que l'on peut faire en prenant les angles deux à deux, d'abord quant aux parallèles, suivant qu'ils sont à la fois internes ou externes, ou l'un interne et l'autre externe ; ensuite quant à la sécante, suivant qu'ils sont d'un même côté de cette droite, ou l'un d'un côté et l'autre de l'autre, comme l'avait fait un ancien géomètre, Énée d'Hiérapolis, auteur d'un abrégé des Éléments. Du reste, il excuse Euclide en reconnaissant qu'il a choisi les trois cas principaux et les plus faciles à retenir.

Dans ce qui suit, Proclus nous apprend que Ptolémée avait composé un livre tout exprès pour prouver le cinquième *postulatum* d'Euclide.

Ce livre, simplement cité par Fabricius sans autre indication, paraît perdu. Un manuscrit de la Bibliothèque impériale [1] contient un livre de Ptolémée intitulé περὶ παραλλήλων : mais, vérification faite, ce n'est que le sixième chapitre du livre II de l'*Almageste*, traitant des cercles parallèles de la sphère. Quant au traité de Ptolémée sur les droites parallèles et les droites concourantes, s'il n'existe plus, du moins Proclus nous en donne l'analyse ; et ce qui suit en fera connaître le titre exact, le but et le plan.

Le premier théorème du livre de Ptolémée n'est autre chose que la seconde partie de la 28ᵉ proposition d'Euclide. La démonstration se fonde sur la symétrie de la figure, symétrie d'après laquelle il ne pourrait y avoir rencontre d'un côté de la sécante, sans que la **même**

_____

1. Ms. grec n° 2489.

chose ait lieu de l'autre côté[1], d'où résulterait que deux
droites différentes passeraient par deux points donnés,
et que par conséquent *deux droites envelopperaient un
espace*, ce qui est impossible, comme le dit en plusieurs
endroits Proclus d'après Euclide[2].

Vient ensuite le commentaire de la proposition 29,
qui n'est que la réciproque des précédentes, et a pour
but d'établir ce qui arrive pour les angles formés par
des parallèles et une sécante. Après quelques détails sur
la nature et la variété des propositions réciproques, Proclus continue ainsi[3] :

« Dans ce théorème, l'auteur des Éléments s'est d'a-
« bord servi de celle des demandes que voici [c'est la cin-
« quième] :

« *Lorsqu'une droite, en tombant sur deux autres droites,*
« *fait d'un même côté deux angles internes dont la somme est*
« *inférieure à deux droits, les deux droites, prolongées, se*
« *rencontrent du côté où sont les angles dont la somme est in-*
« *férieure à deux droits*, proposition au sujet de laquelle
« nous avons dit[4], en commentant celles qui précèdent
« les théorèmes, qu'elle n'était pas reconnue de tous
« comme admissible sans démonstration. Et comment en
« effet pourrait-on se dispenser de démontrer une propo-
« sition dont la réciproque a été classée, comme exigeant
« elle-même une démonstration, parmi les théorèmes :
« car cette proposition, que *Dans tout triangle, deux angles*
« *quelconques intérieurs sont moindres en somme que deux*
« *droits*, est bien la réciproque de la cinquième demande;

1. Cette démonstration est identique, pour le fond, à celle que nous
avons donnée, en 1832, dans la 2ᵉ édition de notre *Cours de Géométrie*,
p. 81 , nᵒ 111.
2. Voy. plus haut.
3. Eucl., prop. 29, th. 20. — Procl., page 95; Bar., p. 219.
4. Procl., liv. III, page 53; Bar., page 110.

« d'autant plus d'ailleurs, que le rapprochement continuel
« des droites au fur et à mesure de leur prolongement,
« n'est pas une preuve certaine qu'il y ait rencontre. En
« effet, ainsi qu'on l'a dit précédemment, il existe d'au-
« tres lignes qui se rapprochent continuellement et pro-
« gressivement, sans jamais se rencontrer. Or déjà l'on a
« vu [1] des géomètres considérer cette proposition de l'au-
« teur des Éléments comme un théorème auquel il fallait
« une démonstration, et Ptolémée fait bien voir que telle
« est à cet égard son opinion, dans le livre qui a pour
« titre : *Que deux droites prolongées à partir de deux angles*
« *inférieurs à deux droits, se rencontrent.* C'est ce qu'il dé-
« montre en posant comme prémisses, un grand nombre
« des propositions [2] antécédentes déjà établies par l'auteur
« des Éléments.

« Admettons que celles-ci sont toutes vraies, pour ne
« pas venir à notre tour accroître la confusion ; et par-
« tons de là comme d'une sorte de *lemme*, suffisamment
« établi par tout ce qui a été dit préalablement. Mais en
« réalité, une seule proposition est nécessaire, et c'est
« une de celles qui ont été précédemment démontrées,
« savoir : que *Deux droites prolongées à partir de deux angles*
« *égaux* [en somme] *à deux droits, ne peuvent aucunement*
« *se rencontrer.*

« Maintenant, je dis que la réciproque est vraie : c'est-
« à-dire que si deux droites sont parallèles et coupées
« par une troisième, les angles internes d'un même côté
« [de la sécante] sont égaux [en somme] à deux droits.

1. A la fin du deuxième livre, et dans le commentaire 3 du livre III:
Procl., pages 49 et 53 ; Bar., pages 101 et 110.
2. Les propositions auxquelles Proclus fait ici allusion sont, suivant
Barocci, la deuxième partie de la proposition 28, sa réciproque, et la
troisième partie de la proposition 29.

2

« En effet, il doit nécessairement arriver de deux choses
« l'une : ou que la sécante forme avec les parallèles des
« angles internes d'un même côté, égaux à deux droits
« [de chaque côté], ou bien inférieurs à la somme de
« deux droits [d'un côté ou de l'autre]. »

Suit un raisonnement diffus qui revient à ceci : « Les
deux droites étant parallèles, le sont aussi bien d'un côté
que de l'autre. Si elles faisaient d'un même côté des angles internes moindres que deux droits, elles le feraient
aussi de l'autre. Mais la somme des angles internes étant
égale à quatre droits, quand la somme est moindre que
deux droits d'un côté, elle est plus grande de l'autre côté.
Donc la même somme serait à la fois plus grande et plus
petite que deux droits, ce qui est absurde. Donc la somme
est égale à deux droits de chaque côté. »

De là résulte la démonstration du cinquième postulatum ; Ptolémée l'établit par la réduction à l'absurde :
« Si les droites ne se rencontraient pas du côté où la
« somme est inférieure à deux droits, encore moins se
« rencontreraient-elles de l'autre côté ; donc elles se-
« raient parallèles, etc. »

Proclus continue[1] :

« Après avoir montré cela d'abord et après être arrivé
« à la proposition même, Ptolémée cherche à ajouter
« quelque chose de plus précis et à montrer que si une
« droite, en tombant sur deux autres droites, fait des
« angles internes d'un même côté, dont la somme est in-
« férieure à deux droits, non-seulement les droites ne
« sont pas asymptotes, ainsi qu'il a été démontré, mais
« de plus, que leur rencontre a lieu du côté de la sécante
« où sont les angles inférieurs en somme à deux droits,

---

1. Procl., page 96 ; Bar., page 220.

« et non du côté où sont les angles plus grands que deux
« droits. »

Pour arriver à ce dernier point, le raisonnement de
Ptolémée revient à dire que si la rencontre se faisait du
côté de la plus grande somme, il ne serait pas vrai que
*dans tout triangle, un angle extérieur est plus grand qu'un
intérieur opposé*, ce qui cependant a été démontré.

« Voilà donc, continue Proclus, ce que dit Ptolémée. »
Puis, le commentateur passe en revue diverses objections
que l'on faisait dans les écoles contre la théorie qu'il
vient de développer. Il serait inutile de le suivre dans
cette sorte de digression. Qu'il nous suffise, pour donner
une idée de ces objections, de les comparer à l'un des
sophismes que Zénon prétendait opposer à la théorie du
mouvement, et que l'on connaissait dans les écoles sous
la dénomination d'*argument d'Achille et la tortue*[1]. La

1. On sait en quoi consiste l'*argument d'Achille*, ou d'*Achille et la
tortue* : On suppose qu'Achille est à la poursuite d'une tortue qui a
un stade d'avance sur lui, mais qui va dix fois moins vite. Pendant
qu'Achille parcourra, dit-on, le stade qui le sépare de la tortue,
celle-ci parcourra un dixième de stade ; or, quand Achille aura parcouru ce dixième de stade, la tortue en aura parcouru un centième ;
pendant qu'Achille parcourra ce centième, la tortue en parcourra un
millième, et ainsi de suite à l'infini. Achille se rapprochera constamment de la tortue ; mais, mathématiquement parlant, dit-on, il ne l'at-
teindra jamais.

L'*argument d'Achille* paraît n'avoir été connu que de nom par
Érasme, qui le mentionne dans ses *Adages** seulement comme l'expression proverbiale d'un argument puissant : *Argumentum Achilleum vo-
cabimus, quod sit insuperabile et insolubile.* Du reste, le moyen âge
semblait avoir perdu la trace de cet argument qui remonte à Zénon
d'Élée, et que nous a conservé Aristote (*Physiques*, VI, 9). De plus,
un manuscrit du XIVe siècle, étudié par M. C.-E. Ruelle (Bibl. impér.,
ms. gr. n° 1866, Scholies sur les *Physiques* d'Aristote), en offre le
développement d'après le texte aristotélique ; mais ici ce texte ni le
commentaire n'éclaircissent beaucoup la question, ce qui d'ailleurs

* *Adag.*, chil. 1, cent. 7 ; et chil. IV, cent. 4. — Cp. *Adag. epitome* (Lugd.,
1550), page 66.

moindre connaissance des propriétés des progressions suffit pour en faire justice [1]. Proclus n'en conclut pas moins, du reste avec raison, en disant que ces objections prouvent la faiblesse, ἀσθένειαν, de la théorie de Ptolémée; après quoi cependant il se met en devoir de repousser les objections elles-mêmes, ce qu'il fait, je dois le dire, en combattant les sophistes à armes égales. Je laisse ces arguties qui n'ont plus pour nous aucun intérêt, et j'arrive à la conclusion définitive de Proclus.

« Pour ceux, dit-il [2], qui s'occupent de cette question, et
« qui veulent se mettre en état de la bien comprendre,
« nous leur dirons qu'ils doivent préalablement admettre
« l'axiome suivant, celui même dont Aristote [3] a fait la
« base de sa démonstration pour établir que *le monde est*
« *limité*. C'est à savoir que, *Si deux droites menées par un*
« *point sous un certain angle sont prolongées à l'infini, une*
« *longueur limitée quelconque* [quelque grande qu'elle soit]
« *sera toujours surpassée par la distance* [que finiront par
« atteindre] *ces droites ainsi prolongées à l'infini.* Cet auteur
« (Aristote) a donc montré que les droites menées du cen-

était bien difficile sans la connaissance des progressions dont la théorie complète appartient aux temps modernes. Et en effet, Grégoire de Saint-Vincent, un siècle après Érasme, en donne la solution « pour « la première fois », suivant l'observation qu'il en fait lui-même. *Voy.* « Gregorii a S. Vincentio opus geometricum Quadraturæ circuli « et sectionum coni. Antverpiæ, 1647. » In-fol. Liv. II (*De progressionibus geometricis*), page 52 (*Argumentum*); et page 101 (prop. 87).

1. Voy. plus haut (p. 7) la note sur les asymptotes : l'objection qui constitue l'*argument d'Achille* n'aurait de valeur que si les distances successives des deux mobiles, telles qu'elles sont mentionnées dans le sophisme de Zénon, avaient lieu à des époques équidistantes représentées par les points A, B, C... de la première figure, tandis que c'est par la seconde figure qu'elles sont réellement représentées; d'où résulte une époque déterminée où la rencontre a fatalement lieu.

2. Procl., page 97 ; Bar., page 223.

3. Aristot., *De cœlo*, text. 35.

« tre à la circonférence étant infinies, l'espace compris
« entre elles est infini : car s'il était limité, il serait im-
« possible de faire croître la distance [au delà d'une cer-
« taine limite]; et par conséquent les droites ne seraient
« pas infinies. Ainsi, étant donnée une grandeur finie quel-
« conque, les droites prolongées à l'infini parviendront
« toujours à s'écarter l'une de l'autre plus que de cette
« grandeur. Or ceci étant convenu, je dis que si une droite
« coupe l'une des parallèles, elle coupera aussi l'autre;
« et ce lemme admis, etc. »

Sans qu'il soit nécessaire de pousser plus loin cette démonstration, on reconnaît facilement que, sauf un certain manque de précision, qui, du reste, tient peut-être
moins au fond même qu'à la forme du langage, on reconnaît, dis-je, que le lemme d'Aristote rentre absolument
dans celui que nous attribuons à Bertrand de Genève.
Nous reviendrons dans un instant sur ce rapprochement;
mais auparavant, achevons d'énumérer les propositions
qui composent toute la théorie d'Euclide, théorie amendée
par Proclus ainsi que nous venons de le voir.

Nous avons donc d'abord la proposition 30 [1], savoir :

*Les droites parallèles à une même droite sont parallèles entre
elles* [2].

Puis la proposition 31 [3] :

*Par un point donné, conduire une droite parallèle à une
droite donnée,*

Proposition à propos de laquelle le commentateur re-
marque en passant, que *Par un même point l'on ne peut
mener deux parallèles à une même droite.*

---

1. Eucl., prop. 30, th. 21. — V. Procl., page 97; Bar., page 224.
2. Traduction de Peyrard.
3. Eucl., prop. 31, probl. 10. — Procl., page 98; Bar., page 226.

Vient ensuite la proposition 32[1], savoir :

Ayant prolongé un côté d'un triangle quelconque, l'angle extérieur est égal aux deux angles intérieurs et opposés, et les trois angles intérieurs du triangle sont égaux à deux droits.

Puis vient la proposition 33[2], *intermédiaire*, comme le dit Proclus, entre la théorie des parallèles et celle du parallélogramme, proposition consistant en ce que

Les droites qui joignent, des mêmes côtés, des droites égales et parallèles, sont elles-mêmes égales et parallèles.

Suivent les propositions 34, 35, 36[3], composant la théorie du parallélogramme proprement dite, savoir :

Proposition 34[4] : *Les côtés et les angles opposés des parallélogrammes sont égaux entre eux, et la diagonale les partage en deux parties égales;*

Proposition 35[5] : *Les parallélogrammes construits sur la même base et entre les mêmes parallèles, sont égaux entre eux.*

Enfin la proposition 36[6] : *Les parallélogrammes construits sur des bases égales et entre les mêmes parallèles, sont égaux entre eux.*

C'est à propos de cette théorie du parallélogramme, pour le dire en passant, que Proclus explique la nature des propositions *topiques* ou *locales* telles que les comprenaient les anciens : *L'espace compris entre deux parallèles*, dit-il[7], *est le lieu des parallélogrammes équivalents qui sont construits sur la même base.* Cette notion, analogue à l'idée

---

1. Eucl., prop. 32, th. 22. — Procl., page 99; Bar., p. 227.
2. Eucl., prop. 33, th. 28. — Procl., page 101; Bar., page 231. — Cp. Procl., page 93; Bar., page 213.
3. Eucl., prop. 34-36, th. 24-26. — Procl., page 100 et suiv.; Bar., page 233 et suiv.
4. Eucl., prop. 34, th. 24. — Procl., page 101; Bar., page 233.
5. Eucl., prop. 35, th. 25. — Procl., p. 103; Bar., 237.
6. Eucl., prop. 36, th. 26. — Procl., page 104; Bar., page 241.
7. Procl., page 103; Bar., page 237.

que les modernes attachent à l'expression de *lieu géomé-trique*, sans toutefois lui être identique, est d'une extrême importance pour l'élucidation de la théorie des porismes, comme je l'ai fait voir dans les Notices [1] que j'ai données sur ce sujet. (Journal *La Science*, 3ᵉ année, nᵒˢ 10, 40 et 41.)

II.

Il ne saurait être entièrement inutile d'ajouter à l'ex-posé historique que nous venons de parcourir, quelques réflexions pratiques; et il semble même que ce serait entrer dans les vues de Laplace lorsqu'il écrivait [2] : « Tout « ce qu'on peut espérer des bases actuelles a été ressassé, « et l'on retombera toujours dans la même ornière. Il « faudrait refaire la science, la placer sur un nouveau « piédestal.... » — « Il serait à désirer, ajoute-t-il plus « loin, que ce fût un homme nouveau qui fût étranger « au mouvement et au progrès des sciences, et n'en con-« nût que les premiers éléments, qui s'en occupât.... » Quoi qu'il en soit à cet égard, je vais essayer de déduire les conséquences de ce qui précède.

Nous avons vu que depuis Euclide, demeuré maître sou-verain de l'enseignement géométrique, on n'a fait sur la théorie des angles et des parallèles, véritable fondement de la science, que tourner constamment dans le même cercle, repoussant aujourd'hui ce que l'on avait adopté hier, sauf à le reprendre demain, et sans jamais être satisfait du dernier parti auquel on s'était arrêté.

1. Voy. ma première Notice sur les Porismes, page 9, et la seconde, page 16.
2. *Voy.* sa Lettre à Berthevin : *Traité du calcul mental*, par Em. Ja-coby (Préface).

La géométrie moderne a suivi les mêmes errements
que la géométrie ancienne. Après avoir reconnu les incon-
vénients du cinquième postulatum d'Euclide, on avait fini
par s'arrêter au principe connu sous le nom de Bertrand
de Genève, qui n'est, comme on l'a vu plus haut, que le
lemme posé dans le traité aristotélique *De mundo*. Ce
lemme est-il exempt de tout inconvénient? je ne le sou-
tiendrai pas : en effet, il implique incontestablement
l'idée de L'INFINI. Or, suivant Proclus lui-même, religieux
platonicien s'il en fut, l'idée de l'infini mathématique est
une idée purement négative, comme son nom l'indique
d'ailleurs; et tel est l'avis bien formel de ce philosophe
lorsqu'il soutient [1], en s'appuyant sur un autre passage
d'Aristote [2], que l'imagination ne conçoit pas l'infini en lui-
même, et qu'elle n'arrive à s'en créer une idée telle quelle,
qu'en rejetant au delà de toute grandeur assignable les
limites de l'espace; c'est-à-dire en d'autres termes, qu'en
définitive, l'esprit ne conçoit l'infini mathématique que
comme une pure négation; et Proclus va jusqu'à ajouter :
« De même que la vue ne connaît l'obscurité que par l'ab-
« sence de lumière, de même l'imagination ne connaît l'in-
« fini que par ce seul fait, qu'elle ne le comprend pas [3] ».
Mais ici Proclus me paraît aller beaucoup trop loin, surtout
en confondant l'infiniment grand avec l'infiniment petit [4].

---

1. Procl., page 76; Bar., page 163. — Cp. Procl., page 11; Bar.,
page 21.

2. Aristot., *Phys.*, III.

3. Ὥσπερ γὰρ τὸ σκότος τῷ μὴ ὁρᾶν ὄψις γιγνώσκει, οὕτως ἡ φαντασία
τὸ ἄπειρον τῷ μὴ νοεῖν. (Procl., page 76; Bar., page 163.)

4. Notons ici avec soin deux choses : 1° qu'il ne s'agit que de l'infini mathématique : 2° que Proclus ne nie pas l'existence de l'infini;
seulement il ne veut pas qu'on le *présuppose*. En effet, les mathématiques ne supposent pas l'infini *a priori*; elles font mieux : elles en
démontrent l'existence. Quant à *comprendre* l'infini, il faut pour cela
une intelligence infinie : *le contenant ne peut être moindre que le contenu*.

Au surplus, que l'on ait écarté pour une raison ou pour une autre, le lemme d'Aristote ou de Bertrand de Genève (sous quelque nom qu'on veuille le désigner), ce n'est pas ce qui est à regretter; mais était-ce une raison pour revenir aujourd'hui au prétendu postulatum d'Euclide[1]? Il résulte au contraire de tout ce qui précède, que c'est là un pas rétrograde très-fâcheux, attendu qu'à l'inconvénient d'impliquer lui-même l'idée de l'infini que l'on a cru et voulu éviter, il en joint plusieurs autres très-graves sur lesquels il nous serait inutile de revenir ici, les ayant suffisamment mis à nu dans toute la suite de cette dissertation.

En réfléchissant à ces tergiversations, à ces oscillations qui ne savent ni d'où partir, ni où se fixer, on peut reconnaître qu'elles ont pour cause l'absence d'idées philosophiques sur les véritables conditions que doit remplir une proposition primordiale, lemme ou postulat quelconque, pour pouvoir concourir à constituer une base légitime à la science de l'étendue. Il est évident que pour atteindre le but, il ne suffit point d'axiomes comme ceux-ci, que « deux quantités égales à une troisième sont égales entre elles »; que « le tout est plus grand que chacune de ses parties[2] », etc. Car en premier lieu, ces propositions, relatives à la quantité prise en général, ne peuvent rien apprendre qui appartienne exclusivement à une espèce donnée. Il ne suffit pas davantage de propositions comme celles-ci, malgré leur nature spécialement géométrique, que « tous les angles droits sont égaux »; que « deux

1. La proposition *prescrite* comme fondamentale dans le nouveau programme des études, que *Par un point donné l'on ne peut mener qu'une seule parallèle à une droite donnée*, revient au fond, quoique en d'autres termes, au cinquième postulatum. (V. ci-après, p. 42, la Note A.)

2. Eucl., liv. I.

« droites ne peuvent comprendre un espace », etc.; celles-ci ne sont en quelque sorte que des déductions immédiates, ou, pour mieux dire, de simples transformations de définitions bien comprises. Gardons-nous donc de croire qu'une proposition présentée comme fondamentale dût être rejetée, par cela seul qu'elle offrirait un certain degré de *complexité*. Il faut, avant tout, que les notions premières soient assez fécondes pour enserrer comme dans un germe tous les développements ultérieurs de la science qu'il s'agit de fonder : car autrement, on tomberait dans cette absurdité de prétendre obtenir des conséquences que les prémisses ne comprendraient pas.

D'un autre côté, il faut qu'un principe fondamental soit, pour ainsi dire, de *notion commune*, et de nature à être par lui-même accepté *a priori* par les intelligences les plus vulgaires, sans laisser prise au moindre doute, à la moindre incertitude sur la réalité de son existence. Il lui faut d'autres titres à la créance que cette simple sentence : *Le maître l'a dit.*

Le *postulatum* d'Euclide, pour le redire encore, ne satisfait aucunement à cette dernière condition : on l'a vu de reste. Sa réciproque, savoir, que « la somme des « angles d'un triangle quelconque est égale à deux droits », peut être considérée comme étant dans le même cas, bien qu'elle n'implique pas l'idée de l'infini, si l'on a donné de l'angle une notion convenable[1].

Mais il existe une vérité géométrique d'expérience vulgaire, sur laquelle Proclus revient en une multitude d'endroits ; et l'on a droit d'être étonné qu'après sa discussion si complète et si consciencieuse du postulatum cité, il ne se soit pas arrêté à la proposition dont je veux parler ; elle

---

1. Voy. plus haut, au commencement du §. 1.

consiste en ceci, que « la somme des angles extérieurs
« de toute figure rectiligne convexe est égale à quatre
« droits[1] ». Proclus insiste à plusieurs reprises sur l'existence et sur la généralité de cette proposition; il va même
jusqu'à dire[2] (et que faut-il de plus?) : « C'est un élément
« naturel qui paraît tout à fait propre à servir de *lemme*
« fondamental » : ἔοικε λήμματι τὸ τοιοῦτον στοιχεῖον.

Au reste, pour bien faire comprendre à cet égard, non-
seulement la pensée de Proclus, mais l'importance réelle
du point de vue que nous cherchons à faire ressortir,
ainsi que la légitimité philosophique de son application,
il est nécessaire de citer encore ici un passage du commentaire de notre auteur : « On applique, dit-il[3], la dé-
« nomination de *lemme* à des propositions préliminaires
« quelconques employées pour servir de base à d'autres
« propositions, et cela en disant que de celles-là comme
« prémisses résultent celles-ci comme conséquences. Dans
« les questions de géométrie particulièrement, le lemme
« est une proposition qui avant tout doit être acceptée
« comme vraie. Ainsi lorsque nous employons, soit en
« vue d'une construction, soit en vue d'une démonstra-
« tion, quelque point non encore établi, mais qui a be-
« soin d'être appuyé sur des raisons, alors, jugeant que
« la proposition invoquée, douteuse au premier abord, est

1. Procl., pages 10, 21, 100; Bar., pages 19, 42, 230. — Il y aurait
injustice à ne pas rappeler ici, qu'avant nous le docteur Germar (*Ar-
chives de Grunert*, tom. XV, pages 361 et suiv.) avait cherché à réhabi-
liter ce principe fondamental. — Il paraît en outre que les mêmes idées
avaient déjà été émises par Kraus, et adoptées par Thibaut de qui
d'ailleurs le docteur Germar déclare les tenir. — Wahl trouve cette
manière de voir très-remarquable; mais il fait des réserves au sujet
desquelles je renvoie aux considérations présentées dans mon texte.
(Voy. le *Mémoire de Hill*, déjà cité, page 58.)
2. Procl., page 21; Bar., page 42.
3. Procl., page 58; Bar., page 120.

« susceptible d'être éclairée par un examen, nous lui
« donnons le nom de *lemme*[1]. Cette sorte de proposition
« diffère de la *demande* et de l'*axiome* en ce qu'elle n'est
« point dépourvue de tout caractère démonstratif, tandis
« que, pour les autres, il y faut ajouter foi *a priori* sans
« aucune façon de démonstration, et les employer ainsi
« pour servir de preuve aux vérités subséquentes[2]. »

Après ce qui précède, on ne manquera pas de se de-
mander pourquoi Proclus, ayant reconnu, comme on n'en
peut douter, l'importance et la fécondité du principe
fondé sur la constance de la somme des angles extérieurs
de toute figure convexe, ne l'a pas franchement et hardi-
ment posé comme base naturelle et essentielle de toute la
géométrie. Il est certainement très-regrettable qu'il ne l'ait
pas fait; car cette fâcheuse abstention fut et demeure la
cause (tel est du moins notre avis) pour laquelle l'enseignement géométrique n'a jamais été placé sur ses véritables

---

1. « Ce qui caractérise le *lemme* » , dit d'Alembert dans l'*Encyclopédie
méthodique*, « c'est que la proposition qu'on y démontre n'a pas un rap-
« port immédiat et direct au sujet qu'on traite actuellement; par exemple,
« si, pour démontrer une proposition de mécanique, on a besoin d'une
« proposition de géométrie, etc. » Ici, le rapport immédiat et direct
existe bien; mais seulement on fait, en quelque sorte, un appel au
sens intime pour établir le *lemme*. (Voy. ci-après.)

2. Proclus nous donne à cette occasion de précieux renseignements sur
un grand géomètre dont le nom est peu connu, et qui eût bien mérité,
ne fût-ce qu'une simple mention, dans l'*Aperçu historique* de mon savant confrère M. Chasles. Qu'on me permette de les insérer ici en considération de l'intérêt qu'ils présentent: « Quant à la découverte des
« lemmes [qui conviennent pour chaque cas], dit Proclus, la meilleure
« condition est une aptitude de l'esprit particulièrement appropriée au
« sujet. Ainsi, l'on voit des hommes pleins de finesse pour démêler les
« nœuds les plus embrouillés, et qui y parviennent en quelque sorte
« sans méthodes. Tel fut de notre temps CRATISTUS. Aucun ne le valait
« pour faire la chasse aux problèmes, et pour saisir la piste sur les pre-
« mières et les plus faibles traces. Il était doué d'un instinct naturel
« pour faire une découverte et forcer les difficultés. Quoi qu'il en soit,
« il existe des méthodes pour cet objet, etc., etc. »

bases. Si, au défaut d'Euclide à qui l'inspiration a failli en ce point, Proclus se fût décidé à sortir de son rôle de simple commentateur et à se poser en maître, il aurait épargné à la postérité les incertitudes que lui-même a contribué à augmenter, en combattant (bien que ce fût avec raison) l'emploi du cinquième postulatum comme notion primitive : et cela sans rien mettre de définitif à la place, puisque le lemme d'Aristote implique, comme nous l'avons dit, certaines idées dont Proclus lui-même a discrédité en quelque sorte et rejeté l'emploi [1].

D'autres considérations viennent à l'appui de ce qui précède, pour nous persuader que la constance de la somme des angles extérieurs de toute figure convexe est bien le fondement naturel de la géométrie plane (pourvu, bien entendu, que l'on y joigne la notion de la ligne droite et celle du plan) : c'est qu'en admettant cette proposition comme notion première, les principes de la géométrie se trouvent ainsi en rapport exact avec les principes de la cinématique, et, par suite, de la mécanique, qui reconnaît pour fondamentaux ces deux sortes de mouvement : la translation, correspondant à la ligne droite, et la rotation, mesurée par des angles [2], rotation dont la valeur complète ou l'unité naturelle correspond à cette même somme de quatre angles droits.

Ce n'est pas tout : nous découvrons encore ici une donnée philosophique du plus haut intérêt, en ce qu'elle semble fournir une nouvelle ligne de démarcation entre l'intelligence humaine et l'instinct des animaux. En effet, Proclus nous apprend [3] que l'école d'Épicure tournait en dérision la vingtième proposition du premier livre d'Eu-

1. Voy. ci-dessus.
2. Voir, ci-après, la Note A.
3. Procl., p. 85; Bar., p. 184.

clide, consistant en ce que *La somme de deux côtés d'un triangle est plus grande que le troisième :* en quoi ces philosophes n'avaient pas tort, puisque ce n'est là qu'une conséquence immédiate de la simple notion de la ligne droite, identique même en quelque sorte avec cette notion. Mais, ce qui est assez curieux à noter en passant, c'est qu'ils donnaient à cette proposition le nom de *théorème de l'âne,* « attendu, disaient-ils, que cet animal en possède une « parfaite connaissance : à telle enseigne que si on le « place à l'une des extrémités d'un côté du triangle et sa « pâture à l'autre extrémité, il ne manquera jamais d'al-« ler la chercher en suivant ce côté de préférence aux « deux autres ».

Cette facétie épicurienne a pourtant son côté sérieux : on peut dire en effet que si les animaux en général ont le sentiment de la direction, l'homme possède exclusivement peut-être la conscience de son mouvement de rotation ; et je ne pense pas que l'on risque de tomber dans l'erreur en affirmant que c'est là une donnée intellectuelle et rationnelle propre à lui constituer un caractère distinctif et tout à fait spécifique [1].

Admettons donc pour un instant, sinon comme un fait démontré, du moins à titre d'hypothèse si l'on refuse d'accorder plus, qu'en vertu de son expérience acquise et

---

1. Voyez à ce sujet un ouvrage d'une haute portée, bien qu'il soit à peine connu : je veux parler des *Études de physique animale,* par M. J. Maissiat, agrégé de physique à la Faculté de médecine de Paris (Béthune et Plon, 1843). L'auteur de ce livre remarquable établit (p. 166) que « le mouvement angulaire des yeux dans un plan horizon-« tal paraît être le privilége exclusif de l'homme.... Que l'homme seul « peut avoir à s'occuper de la distance mutuelle de deux corps exté-« rieurs.... Que seul il est doué de la faculté de comparaison, de *circon-« spection....* Enfin, qu'il est doué d'une perfection visuelle corrélative « de cette perfection morale. » Cp., du même auteur, la *Notice sur l'Anatomie des Beaux-Arts* (Rignoux, 1856, p. 15).

indépendamment de tout enseignement scientifique préalable, l'homme a le sentiment de la rotation aussi bien
que celui de la direction; en d'autres termes, admettons
qu'en vertu d'une faculté innée, d'un privilége anthro-
pologique, s'il est permis de s'exprimer ainsi, l'homme
reconnaît instinctivement qu'en suivant le contour entier
d'une figure convexe pour revenir à sa position et à sa
direction initiale, il a par cela même 1° parcouru en longueur totale la somme des droites qui composent ce contour, 2° tourné sur lui-même d'une somme d'angles égale
à quatre droits, *la même que s'il eût pivoté autour du même
point*[1]....

Dira-t-on que c'est là une notion bien complexe? Mais
nous avons vu que le *postulatum* d'Euclide l'est bien plus
encore, outre qu'il n'y a pas moyen de le justifier sans
avoir recours, soit à des mesures matérielles, comme
l'avait fait Legendre dans quelques-unes de ses éditions
(la onzième, par exemple), soit à des raisonnements qui
ne sont nullement concluants, qui sont même entièrement faux, puisqu'ils sont identiquement applicables,
non-seulement à des lignes asymptotes, mais même à
leurs parallèles, malgré la distance finie qui les sépare
toujours[2].

Veut-on la preuve de ces assertions : donnez à un
homme qui n'a aucune notion de géométrie, la définition

1. C'est ce que M. Marie (Journal *La Science*) a nommé avec raison la
notion de l'orientation.— Notons ici en passant, un point dont il ne faut
pas oublier de tenir compte, et qui rentre, du reste, dans l'idée de
Laplace (V. plus haut) : c'est la difficulté qu'oppose, même chez d'ex-
cellents esprits, à l'intelligence complète des choses, l'habitude de les
considérer sous un point de vue restreint. Ainsi par exemple, j'ai vu
tel professeur de mathématiques, très-capable d'ailleurs, repousser
le lemme relatif à la somme des angles extérieurs par la raison, disait-
il, que ce lemme *suppose la théorie des parallèles !*
2. Voyez plus haut, § I.

de l'oblique et de la perpendiculaire à une même droite, et dites-lui que de pareilles lignes se rencontrent toujours; je conviens qu'il fera peu de difficulté de vous croire sur parole; il essayera même de donner des raisons du fait énoncé, souvent sans s'apercevoir que ces raisons s'appliqueraient tout aussi bien à des lignes asymptotes : c'est ce que nous voyons faire tous les jours à une multitude de gens chez qui la recherche du mouvement perpétuel et de la quadrature du cercle alternent avec celles de la démonstration du postulatum d'Euclide et de la trisection de l'angle, comme des accès divers d'une maladie malheureusement incurable. Après avoir ainsi proposé le principe, présentez les objections; si votre interlocuteur est en état de les comprendre, vous ne tarderez pas à reconnaître qu'il n'a nullement la conscience du fait que vous lui aviez énoncé; et pour peu que vous y teniez, il ne vous sera pas difficile d'obtenir un désaveu de la proposition d'abord admise. En effet, on ne peut dire que l'on comprenne véritablement le postulatum, à moins d'être en état d'expliquer pourquoi les deux droites dont il s'agit ne sont pas asymptotes.

Cette expérience terminée, faites la contre-épreuve, en prenant pour base la propriété des angles extérieurs; par exemple, faites faire à votre individu le tour entier d'une statue, et tentez de lui prouver ensuite qu'il n'a pas en même temps fait un tour entier sur lui-même (car c'est à cela que se réduit la proposition) : vous serez à même de voir alors de quel côté se trouve, je ne dirai pas la rigueur du raisonnement, puisqu'il n'y a point ici de démonstration ni d'un côté ni de l'autre, mais vous pourrez, veux-je dire, juger de quel côté se trouve l'évidence intuitive du fait primitif.

On pourrait m'objecter que le fait énoncé n'a lieu que

sur une surface plane, et que sur la sphère, par exemple, il serait faux. Je m'empresse d'en convenir. Il est bien clair que l'on pourrait faire le tour entier du pôle en suivant l'équateur, sans pour cela tourner sur soi-même le moins du monde. Mais bien certainement, pour m'adresser cette objection, il faudrait ne pas réfléchir qu'elle est toute en faveur du principe que je soutiens. En effet, d'abord la même objection s'applique au *postulatum* d'Euclide : tous les géomètres qui l'emploient sont obligés de dire expressément et explicitement que *les trois droites sont supposées dans un même plan*, ou que *les plans* déterminés par les deux angles donnés dans la figure *se confondent en un seul*. Il en est de même des parallèles, dont la définition exige que les droites proposées soient dans un seul et même plan. Proclus a soin de dire que cette condition est supposée remplie dans tout le cours de la théorie, et qu'on l'a exprimée dès le début *une fois pour toutes*.

Cette réponse suffirait pour détruire l'objection ; mais il y a quelque chose de mieux : c'est que le lemme peut au contraire en être totalement affranchi *a priori*, dès qu'on le restreint au seul cas particulier dont on a besoin pour servir de base à la propriété fondamentale du triangle rectiligne. En effet, les trois droites sont alors nécessairement dans un même plan : il suffit donc de poser que *la somme des angles extérieurs d'un triangle rectiligne est égale à 4 droits;* et il n'y a plus alors ni restriction à faire, ni objection possible.

Est-il nécessaire d'ajouter ici que *toute science doit commencer par des principes que l'on ne démontre pas*, puisque autrement il faudrait remonter jusqu'à l'infini ? « Aucune « science, dit Proclus[1], ne démontre les principes sur

1. Procl., p. 22 ; Dar., p. 44.

« lesquels elle s'appuie, et ne s'arrête même à discourir
« à leur sujet; elle professe à leur égard une confiance
« intrinsèque [pour ainsi dire], αὐτοπίστως ἔχει περὶ αὐτάς :
« car ils sont pour elle plus évidents que toutes les consé-
« quences qui s'en déduisent. Elle reconnaît les premiers
« par eux-mêmes et pour eux-mêmes, et celles-ci ensuite
« à cause des premiers. » — « Celui, dit-il ailleurs[1],
« qui veut démontrer les choses évidentes, ne fortifie pas
« pour cela la vérité : il ne fait au contraire que diminuer
« la confiance qui appartient de droit aux propositions
« fondamentales. »

Ainsi donc, en résumé, ce qui constitue et caractérise
les *sciences exactes* et leur donne un droit particulier à ce
titre d'exactitude, ce n'est point la manière dont elles
posent leurs prémisses, mais uniquement la rigueur logique avec laquelle elles sont tenues d'en déduire, par des
transformations toujours équivalentes, les propositions
secondaires; et tel est le propre des sciences mathématiques et de la géométrie en particulier[2]. Quiconque s'ima-
ginerait trouver dans les propositions déductives autre
chose et plus qu'il n'a posé dans les principes primor-
diaux, ne ressemblerait pas mal à ces prétendus mécani-
ciens que nous voyons chercher dans des combinaisons
quelconques de rouages le pouvoir d'accroître les forces
données où d'en créer de nouvelles. Et l'illusion ne serait
peut-être pas moins grande, pour le dire en passant, si,
voulant comparer les sciences morales aux sciences mathématiques, on se croyait en droit d'attribuer à ces dernières une plus grande certitude, en raison seulement
des clartés privilégiées que l'on supposerait inhérentes à

1. Pr., p. 54; Bar., p. 112.
2. Cp. Pascal : *De l'Esprit géométrique* (à la suite des *Pensées*, p. 444
et 449 de l'édition de M. Havet).

leurs éléments fondamentaux et au point de départ de la route qu'elles ont mission de parcourir. Mais les développements de ces considérations nous entraîneraient trop loin de notre principal objet.

Pour y revenir, voici comment je comprendrais l'entrée en matière de la théorie qui nous occupe, et comment j'établirais la suite des propositions qui la composent.

Définition Ire. — Une figure plane est celle qui est tout entière située dans un plan.

Définition IIe.—Une figure convexe est celle qui ne peut être coupée par une droite en plus de deux points.

LEMME I et fondamental.

La somme des angles extérieurs de toute figure plane convexe est égale à quatre angles droits.

Ce lemme ne se démontre pas : c'est une vérité résultant de l'expérience commune (*Voy.* les développements qui précèdent).

LEMME II.

Le triangle rectiligne est une figure plane et convexe.

THÉORÈME I.

La somme des angles extérieurs de tout triangle rectiligne est égale à quatre droits.

THÉORÈME II.

La somme des angles intérieurs de tout triangle rectiligne est égale à deux droits [1].

---

1. « La liaison est telle entre ce théorème et le postulatum, dit Le-
« gendre, que si l'on eût pu démontrer le théorème sans le secours du

En effet, la somme des angles intérieurs augmentée de la somme des angles extérieurs est égale à *six* droits ; or, la somme des angles extérieurs est égale à *quatre* droits (TH. I) : donc la somme des angles intérieurs est égale à *deux* droits.

Définition. — On nomme *parallèles* des *droites* [situées dans un même plan] *qui ne se rencontrent pas* quelque loin qu'on les prolonge. — Telles sont les perpendiculaires élevées à une même droite par des points différents.

THÉORÈME III.

Deux droites sont parallèles lorsqu'elles font avec une transversale deux angles intérieurs d'un même côté [de cette transversale] *dont la somme est égale à deux droits.*

En effet, les deux droites ne pourraient se rencontrer au-dessus de la transversale sans se rencontrer au-dessous, comme on le démontre par la superposition *directe* (ou superposition *par glissement*). Alors les deux droites auraient deux points communs sans coïncider, et ainsi elles circonscriraient un espace, ce qui est absurde.

Autrement : Si les deux droites se rencontraient, elles formeraient un triangle dont l'angle au sommet, ajouté aux deux proposés, composerait avec ces derniers une somme plus grande que deux droits.

Porisme ou *Corollaire.* — Deux droites sont parallèles lorsque, coupées par une troisième, elles font avec elle des angles alternes-internes égaux entre eux, ou des angles correspondants égaux, etc., etc.

« postulatum, celui-ci eût été une suite nécessaire de l'autre, et la « théorie des parallèles aurait été complétement démontrée ; mais jus-« qu'à présent on n'a pu y parvenir. » (Legendre, *Géom.*, 1re éd., note 3, p. 286).

THÉORÈME IV (Réciproque du deuxième).

Deux droites AM, BN, *qui font avec une troisième* AB,
*d'un même côté, des angles dont la somme est moindre
que deux droits* (dont le supplément est CAL, p. ex.), *se
rencontrent à une distance finie et assignable; et elles forment
ainsi un triangle dont l'angle opposé au côté* AB *est égal au
supplément de la somme des angles* A *et* B.

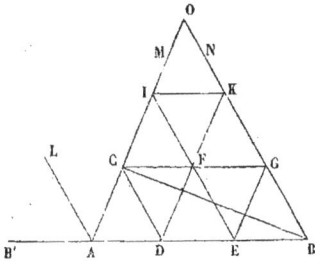
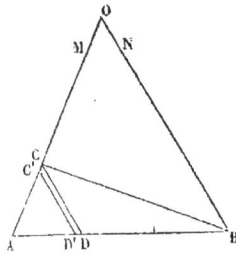

Fig. 1.   Fig. 2.

1° Prenons un point quelconque C sur AM (fig. 1), et
joignons BC. La somme des angles A, B, C, de ce triangle,
est égale à deux droits; donc, puisque ABC est moindre
que ABN, le supplément de la somme des angles donnés
est moindre que l'angle C du triangle. Diminuons ce dernier, en menant CD de manière que ACD soit égale à ce
supplément : la droite ainsi menée rencontrera AB quelque part en D; et les angles ABN, ADC, seront égaux entre eux (ainsi qu'à B′AL, AB′ étant le prolongement de AB).

2° Supposons (quoique cela soit infiniment improbable)
que AD soit une fraction aliquote de AB, par exemple le
tiers. Dans cette hypothèse, partageons AB en *trois* parties
égales aux points D, E, et par chacun des points de
division menons deux droites qui fassent avec AB des
angles respectivement égaux aux angles donnés A et B.

Chacun des segments AD, DE, EB, deviendra ainsi la base d'un triangle égal au triangle ADC, comme ayant avec lui la même base et les angles adjacents égaux chacun à chacun; et de plus, les angles intermédiaires restants, aux points D, E, seront tous égaux au supplément déjà indiqué.

3° Maintenant, joignons deux à deux les sommets C, F, G; nous formerons d'autres triangles égaux aux premiers comme ayant avec ceux-ci un angle égal, l'angle supplémentaire, compris entre des côtés égaux chacun à chacun; et de plus les points C, F, G, seront en ligne droite.

4° Faisons au point F ce que nous avons fait aux points D, E : nous obtiendrons de nouveaux triangles égaux aux précédents pour les mêmes raisons (2°); de plus, I sera en ligne droite avec AC, EF, et K en ligne droite avec BG, DF.

5° Menons IK; nous formerons encore un triangle IFK égal aux précédents pour les mêmes raisons (3°). — (Observons que s'il y avait d'autres sommets entre I et K, ils seraient tous en ligne droite avec ces derniers.)

6° Enfin, le restant de la figure est un triangle IKO égal aux précédents.

Donc, les droites AM, BN, se rencontrent en un point O situé de telle façon que AO = 3AC et que BO = 3BG.

Il en sera de même toutes les fois que AD sera une fraction aliquote de AB; il n'y aura de différence que dans le nombre des triangles à construire (nombre qui sera toujours le quarré de celui des divisions).

Maintenant, supposons (fig. 2) que AD ne soit pas une fraction aliquote de AB, et dans cette hypothèse, prenons AD' partie aliquote de AB et moindre que AD; puis menons D'C' faisant avec AB les mêmes angles que DC;

D'C' ne saurait rencontrer DC (Th. III); donc D'C' rencontrera AC entre A et C. (Le reste comme au premier cas).

THÉORÈME V (Réciproque du troisième).

Deux droites parallèles qui en rencontrent une troisième font toujours avec elle des angles intérieurs d'un même côté dont la somme est égale à deux droits.

Car sans cela elles ne seraient pas parallèles.

Corollaire. — Deux droites parallèles qui en rencontrent une troisième font toujours avec elle des angles alternes-internes égaux entre eux, ou des angles correspondants égaux entre eux, etc., etc.

THÉORÈME VI.

Par un point donné 1° on peut toujours mener une parallèle à une droite donnée, et 2ª l'on n'en peut mener qu'une.

Car : 1° on peut toujours mener par le point donné, d'abord une transversale qui rencontre la droite proposée, et ensuite une droite qui fasse avec la transversale, et d'un même côté que la proposée, un second angle intérieur supplémentaire du premier. Donc, etc. (Th. II).

2° La transversale étant menée, il n'y a qu'une manière de mener la seconde droite de façon à faire l'angle supplémentaire requis; et tout angle qui ne satisfait pas à cette condition donne nécessairement deux droites concourantes.

THÉOR. VII. — *Deux parallèles ont leurs perpendiculaires communes.*

TH. VIII. — *Deux droites respectivement parallèles à une troisième sont parallèles entre elles.*

TH. IX. — *Quand deux droites se coupent, leurs perpendiculaires respectives se coupent aussi.*

Tʜ. x. — *Les portions de parallèles comprises entre parallèles sont égales.*

Corollaire. — Deux parallèles sont partout également distantes.

Etc., etc., etc.

Telle est, dis-je, la manière dont je conçois l'introduction de la géométrie. Je n'en pousserai pas plus loin les développements, qui, du reste, importent peu aux progrès de la science considérée en elle-même : il s'agit ici d'une question plutôt philosophique que scientifique, ou, si l'on veut même, d'une question purement pédagogique, question qui cependant, à ce simple point de vue même, et aussi, peut-on dire, « pour la dignité de la science », ne manque pas que de présenter un certain intérêt : car, comment pourrait-il être indifférent de s'introduire par une fausse porte dans la science réputée la plus exacte des sciences, et qui, sous les rapports purement logiques, en est incontestablement la plus belle : dans la science que la philosophie se plaît à présenter comme un modèle de rigueur en cherchant à imiter ses méthodes, et dont les adeptes seuls avaient droit d'être admis dans l'école du divin Platon [1]?

Aussi je ne saurais admettre, comme paraît le supposer M. Chasles [2], que « les anciens fussent plus jaloux « de convaincre que d'éclairer, ni qu'ils aient cherché « à cacher les fils qui pouvaient mettre sur la trace « de leurs méthodes de découvertes et d'inventions » ; et par conséquent je ne crois pas davantage que « les pro-

---

1. Comme le témoigne l'inscription (supposée ou non) que nous a transmise Psellus d'après une ancienne tradition : Ἀγεωμέτρητος μηδεὶς εἰσίτω (voir ma Note sur ce sujet dans les Nouvelles annales de math., tom. VIII, p. 65).

2. *Aperçu hist.*, etc. ; Note xxɪv, Sur la loi de continuité, etc., p. 359.

« grès immenses faits par les modernes dans la géo-
« métrie, soient dus *au relâchement* de la rigueur des an-
« ciens » ; en cela les expressions de mon savant confrère
ont sans aucun doute été plus loin que sa pensée. Mais je
me félicite de me trouver d'accord avec lui pour accuser
« la marche timide et embarrassée de la géométrie an-
« cienne et l'incohérence de ses méthodes », défaut dont
les auteurs modernes de traités élémentaires n'ont pas toujours su s'affranchir, en suivant quelquefois de trop près
la trace de leurs devanciers. Surtout il me paraît incon-
testable que ces immenses progrès opérés depuis deux
siècles dans la science de l'Étendue, sont dus surtout (pour
en résumer les causes en deux mots) au perfectionnement
du langage mathématique et à l'établissement d'un sys-
tème de symboles, qui, en rendant la déduction plus fa-
cile, l'induction plus sûre, l'abstraction plus complète et
plus entière, fournissent aux géomètres modernes, pour
se reconnaître dans les détours des questions les plus
compliquées, un fil inconnu aux anciens, et qui, sans
avoir la puissance de créer ni d'engendrer de nouvelles idées, ont assuré et facilité la fécondation des idées
mères, permis à leurs conséquences logiques de franchir
des limites jusqu'alors inaperçues, et ont fait ainsi péné-
trer la géométrie moderne dans des régions que les anciens ne soupçonnèrent même pas.

NOTE *A*.

On démontre facilement par la superposition, comme on l'a vu, que *Deux perpendiculaires à une même droite ne se rencontrent pas ;* et il en est de même pour *Deux droites qui font avec une troisième des angles internes d'un même côté, supplémentaires entre eux* (ci-dessus, p. 36, Th. III).

De pareilles droites peuvent être nommées *parallèles ;* et provisoirement, prenons cette propriété même pour *définition,* en évitant pour le moment d'attacher à ce mot *parallèles* d'autre sens que celui même de l'origine que nous venons d'attribuer aux deux droites. Cette observation est nécessaire : car ici s'élèvent plusieurs questions.

Premièrement :

Si d'un point A l'on mène à deux points différents, B, C, d'une droite BCB', des droites AB, AC, la droite AK menée par le point A de manière à faire l'angle KAB supplémentaire de ABC, sera-t-elle la même que la droite AK' menée de manière à faire l'angle K'AC supplémentaire de l'angle ACB'? Or, l'affirmative résulte de la proposition que le programme officiel des études prend pour *lemme* fondamental de la théorie des parallèles.

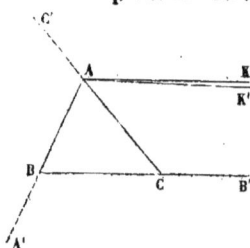

Ce n'est point là pourtant le reproche que je ferais au programme, puisqu'en définitive, *il faut commencer par admettre quelque chose que l'on ne démontre pas :* il ne s'agit que de bien choisir. Quoi qu'il en soit, si l'on persistait à prendre pour lemme fondamental cette incompatibilité de deux parallèles menées par le même point, il faudrait, ce me semble, la motiver de la manière suivante, laquelle présente l'avantage de rendre sensible l'intime liaison de ce fait d'incompatibilité avec celui de la constance de la somme des angles du triangle, et de faire voir par quel moyen on pourrait, jusqu'à un certain point, affranchir l'un et l'autre de la considération du mouvement rotatoire de la droite.

Soit toujours le triangle ABC dont les côtés sont prolongés extérieurement dans un sens. Ayant fait l'angle BAK égal à CBA′, faisons mouvoir le point B le long de BA, et la droite BCB′ *parallèlement à elle-même, c'est-à-dire,* d'après la définition proposée (ci-dessus), *de manière qu'elle fasse avec* BA *constamment le même angle :* elle ira se placer sur AK. Maintenant, après l'avoir replacée dans sa position primitive, faisons mouvoir le point C sur CA et la même droite BCB′ parallèlement à elle-même, mais que ce soit, cette fois, *par rapport* à CA. La question est de savoir si elle ira se replacer sur AK comme la première fois : or c'est ce que le lemme cité admet sans le démontrer.

La question peut être posée d'une autre manière, en demandant si la droite BCB′, après s'être mue de manière à faire constamment le même angle avec AB pour arriver à la position AK, puis revenant sur elle-même en faisant constamment le même angle avec AC, reprendra, lorsque le point A sera arrivé en C, la même position qu'elle avait (sauf un glissement sur sa direction), lorsque ce point A supposé mobile se trouvait au point de départ B.

Or, *on peut, jusqu'à un certain point,* avoir quelque raison de l'affirmer ; car l'esprit *aperçoit,* sans toutefois pouvoir le démontrer, que la droite, d'après la condition particulière de son genre de mobilité, doit reprendre la même position toutes les fois qu'elle repasse par le même point ; sans quoi, conjointement à son mouvement de *translation* parallèle, elle aurait dû exécuter un mouvement de *rotation* autour de quelqu'un de ses points, c'est-à-dire se déranger quelque part de son mouvement parallèle. Or on aperçoit, dis-je, l'impossibilité de ce fait, sans pouvoir toutefois, quant à présent, la démontrer, ni se rendre un compte précis et mathématique de la nature et de la différence des deux sortes de mouvements.

La chose que l'on admet ici sans preuve consiste donc en ce que ce mouvement de rotation est incompatible et contradictoire avec le mouvement parallèle.

Cette proposition revient d'ailleurs à la constance de la

somme des angles extérieurs au triangle. Car, dans l'hypothèse admise, KAC′ étant égal à B′CA, et KAB à CBA′, on obtient une somme égale à 4 *droits* en ajoutant aux angles extérieurs déjà considérés, savoir, ACB′ = KAC′, CBA′ = BAK, en ajoutant, dis-je, le troisième angle extérieur BAC, comme il est évident [1].

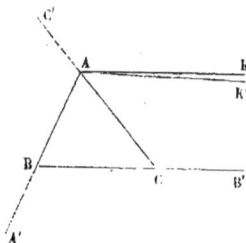

Quoi qu'il en soit, après avoir admis que la droite AK, parallèle à BC par rapport à AB, le sera aussi par rapport à AC, il ne faut pas croire que tout soit fini : il reste encore à prouver que toute autre droite AK′ menée par le point A intérieurement aux deux parallèles, rencontrera nécessairement BC. Or, d'après ce qui a été démontré pour le cas des asymptotes, il est clair que la nouvelle proposition serait un *second lemme à admettre sans preuve*, à moins que l'on n'abuse ici du mot parallèle en le prenant dans deux sens différents.

Mais c'en est assez sur ce sujet, notre but principal n'ayant d'ailleurs été primitivement que de traiter une question d'histoire. Toutefois, en étudiant l'histoire, il n'est pas défendu de chercher à en tirer des enseignements. On nous pardonnera donc de nous être laissé entraîner, en quelque point, à toucher le fond d'une de ces questions que d'Alembert appelle quelque part [2] *l'écueil et pour ainsi dire le scandale des éléments de géométrie.*

Au surplus, on aurait tort de supposer que les mouvements de ligne dont nous nous sommes servi dans notre explication constituent pour cela une preuve *mécanique* au lieu d'une démonstration simplement géométrique : car le même d'Alembert dit encore très-bien qu'il existe une différence essentielle entre la mécanique et la géométrie, différence consistant en ce point, que celle-ci « ne considère, dans la gé-

---

1. Ou encore autrement, suivant une démonstration connue : la droite menée par le sommet A, *dans les deux sens*, parallèlement à la base, détermine, avec les deux côtés, des angles respectivement égaux aux angles à la base, comme alternes-internes; d'où résulte la somme des angles du triangle égale à 2 *droits.*
2. *Mélanges de littérature*, t. V, p. 207.

« nération des figures par le mouvement, que l'espace par-
« couru, au lieu que dans la mécanique, on a de plus égard
« au temps employé à parcourir cet espace [1] ».

NOTE *B*.

La plupart des considérations sur lesquelles est fondé le
travail précédent étant empruntées à Proclus, il n'est pas sans
intérêt de dire deux mots de cet auteur, au point de vue seulement de la confiance qu'il est convenable de lui accorder,
et de l'autorité que l'on peut raisonnablement lui reconnaître dans les questions de géométrie.

D'abord, je l'ai déjà dit, Proclus ne se donne pas comme
géomètre; constamment il s'efforce de restreindre son rôle à
celui d'historien et de commentateur; il ne traite la géométrie qu'au point de vue de la logique et de la philosophie.
C'est donc sous ce point de vue seul que l'on peut avoir ici à
discuter ses doctrines. Or, comme philosophe, comme chef
d'école, personne n'ignore qu'il a fait l'objet d'études appro-
fondies de la part de M. Cousin d'abord, puis de M. Th. H. Mar-
tin, de M. J. Simon, de M. A. Berger [2]; on ne pourrait faire
autre chose, en entrant dans la même carrière, que de répéter d'une voix bien faible ce que ces professeurs éminents
ont proclamé avec toute l'autorité qui appartient à chacun
d'eux pour sa part de talent et d'illustration, à moins de
s'inscrire en faux contre l'antique renommée de celui qu'au
xie siècle Michel Psellus appelait encore le grand-prêtre et
l'oracle de la philosophie platonicienne [3].

Il semble pourtant que le principal biographe de Proclus,
Marinus, ait en quelque sorte un peu affaibli l'éclat de cette
auréole de gloire, par l'effet même de l'étendue qu'il a voulu
lui donner. Et de nos jours nous avons vu des hommes très-
distingués s'empresser de prendre acte et d'abuser en quelque
sorte des récits véritablement exagérés de Marinus, pour jeter

---

1. *Mélanges de littérature*, t. IV, p. 187.
2. *V.* encore la *Notice* de Burigny dans les Mémoires de l'Acad. des
Inscr. et B. L., t. XXXI.
3. Ἑπόμενος Πορφυρίῳ τε καὶ Ἰαμβλίχῳ καὶ τοῖς λοιποῖς τῶν πλατωνι-
κῶν ἰύγγων ὀργανισταῖς, ἐξαιρέτως δὲ τῷ ἐκφαντορικωτάτῳ Πρόκλῳ καὶ μου-
σολήπτῳ. (*V.* Notices et Extraits des manuscrits, t. XVI, 2e p., p. 325).

un discrédit immérité sur l'une des plus brillantes lumières qui aient éclairé l'école d'Alexandrie.

Ainsi par exemple, il ne tiendrait pas à l'auteur de l'article *Proclus* de la *Biographie universelle*, que l'on ne dût considérer ce philosophe tout simplement et uniquement comme un illuminé, un hiérophante, un thaumaturge, moins encore : comme un physicien de carrefour, un prestidigitateur, peut-être même comme un insensé.

D'abord, sur plusieurs faits ridicules racontés par Marinus, faits où Proclus n'intervient que d'une manière tout-à-fait passive, comme celui de l'oiseau enlevant un emplâtre appliqué sur la jambe du philosophe, et autres événements semblables, il serait souverainement injuste d'en faire à notre auteur un reproche qui doit incomber naturellement et exclusivement sur ses biographes ou sur des disciples fascinés par leur enthousiasme. Ainsi encore, par exemple, est-ce la faute à Proclus si un certain Rufin, voyant ou croyant voir une auréole autour de la tête de son maître, se prosterne religieusement devant lui?

Proclus croyait aux songes, aux visions, aux apparitions, je ne le nie pas; cette faiblesse était celle de son temps. Et combien de grands hommes n'en furent pas atteints? L'infirmité qui fait rejeter systématiquement tout ce qui n'a point encore trouvé son explication dans les lois connues du monde physique est-elle donc plus raisonnable et plus digne de la confiance des hommes?

On reproche à Proclus la prétention de faire des miracles, par exemple de guérir les maladies, de conjurer les orages, etc. Or, voici ce que je trouve dans Marinus lui-même sur sa manière d'opérer la guérison des malades. « Dès « qu'un de ses familiers, dit-il, était malade, il faisait deux « choses : d'abord il adressait aux dieux des supplications, « des hymnes, des sacrifices; en second lieu il s'empressait « de donner de sa personne des soins au malade; il assem- « blait les médecins, les pressait d'exécuter au plus tôt tout « ce que l'art de guérir pouvait leur suggérer de profitable; « lui-même se permettait quelquefois d'émettre au milieu « d'eux quelque avis utile; et c'est ainsi, dit Marinus, qu'il « en a sauvé plusieurs de grands dangers. »

Tel est donc le premier genre de miracles qu'opérait Proclus, et que parmi nous on appellerait *les miracles de la charité.*

Quant aux raisons qui ont pu le faire comparer à un prestidigitateur, nous trouvons dans sa biographie française :
« qu'il avait une petite sphère au moyen de laquelle il atti-
« rait [1] la pluie, tempérait la chaleur, empêchait les trem-
« blements de terre et opérait des guérisons miraculeuses ».
Nous venons de voir ce qu'il faut penser des guérisons miraculeuses ; quant au reste, voici le texte qui a donné lieu à
cette paraphrase : Ὄμβρους τε ἐκίνησεν, ἴυγγά τινα προσφόρως
κινήσας, καὶ αὐχμῶν ἐξαισίων τὴν Ἀττικὴν ἠλευθέρωσεν, φυλακτήριά
τε σεισμῶν κατετίθετο : sans prétendre donner une explication
complète et satisfaisante de cette phrase, je crois pouvoir dire
cependant qu'elle n'indique rien que l'emploi de certains
procédés physiques regardés comme propres à régler les
mouvements désordonnés de l'atmosphère, à combattre les
intempéries des saisons, à conjurer les orages. Il y a à peine
un siècle que la prétention de dissiper la foudre en lui pré-
sentant une pointe acérée eût paru aussi ridicule, aussi insen-
sée, aussi monstrueuse [2].

Sachons tenir compte de la marche des sciences, maintenant progressive , mais rétrograde à certaines époques. Est-
il déraisonnable de supposer que bien des connaissances ont
disparu dans les révolutions des empires ? Et, sans remonter
bien haut, combien de notions scientifiques que nous serions
heureux de posséder aujourd'hui, ont dû être anéanties dans
la flamme des bûchers où l'on brûlait comme sorciers ceux
qui avaient le tort de les avoir découvertes ?

Tous les enfants savent aujourd'hui que le liquide projeté
sur une toupie en mouvement, en est repoussé au loin en
vertu de ce que l'on nomme la *force centrifuge.* En faut-il
davantage pour avoir donné lieu à cette fable ou à cette ten-
tative d'expérience , de la pluie conjurée au moyen d'une
sphère en mouvement , de même qu'une observation de sta-
tistique abusivement appliquée aura donné naissance à la
superstition du nombre *treize* ?

---

1. C'est peut-être le contraire qu'il eût fallu dire.
2. « Celui, a dit Arago , qui , en dehors des mathématiques pures ,
« prononce le mot *impossible* , manque de prudence. »

Pour en revenir à Proclus, mettant de côté les exagérations, les contradictions, les absurdités même que l'on rencontre dans sa biographie, j'avouerai, c'est peut-être une faiblesse de ma part, que je n'ai jamais pu lire sa vie sans me sentir pénétré d'un sentiment de vénération pour sa personne, et sans me persuader que s'il fût né parmi les chrétiens (c'est d'ailleurs incontestablement sa faute s'il ne le devint pas), il eût été honoré comme un Saint.

Mais je n'ai point mission de faire ici l'apologie de Proclus ; je n'ai eu d'autre but dans cette note que de l'apprécier comme commentateur d'Euclide, ou du moins, de motiver et de justifier la confiance qu'il me paraît mériter comme appréciateur du géomètre grec et de ses méthodes. Or, à cet égard, je n'hésiterai point à dire que sans le divorce prononcé depuis longtemps entre les mathématiques et la philosophie, ou en d'autres termes, que si la géométrie n'avait pas cessé d'être considérée comme le meilleur cours de logique pratique que l'on pût faire suivre aux élèves des colléges, le commentaire de Proclus, à part quelques détails dont la prolixité et la subtilité dépassent parfois les limites d'une rigoureuse justesse, serait un guide précieux, indispensable même à tous les professeurs consciencieux. Et même, à un point de vue plus général, peut-être ne se tromperait-on point en regardant ce commentaire sur la géométrie d'Euclide comme le meilleur qu'ait laissé Proclus, celui du moins qui, par suite de la nature du sujet, prête le moins aux reproches souvent fondés qu'on a pu faire à l'auteur.

Quant à moi, je regrette amèrement de n'avoir pas donné suite à l'idée que j'avais eue il y a longtemps, de traduire en français cet ouvrage ingénieux rempli des faits historiques les plus intéressants, des aperçus les plus fins et les plus capables d'assurer la rectitude du jugement, et de prémunir l'esprit contre l'habitude funeste des conclusions prématurées. Je recommande maintenant à d'autres ce travail que je voudrais avoir fait, et qui serait exécuté aujourd'hui si d'autres travaux ne m'avaient détourné de mon projet.

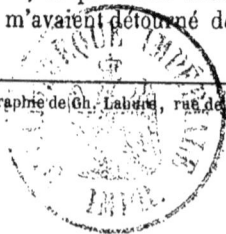

Paris. — Typographie de Ch. Lahure, rue de Vaugirard, 9.

TYPOGRAPHIE DE CH. LAHURE
Imprimeur du Sénat et de la Cour de Cassation
rue de Vaugirard, 9

www.ingramcontent.com/pod-product-compliance
Lightning Source LLC
Chambersburg PA
CBHW071347200326
41520CB00013B/3132